物理大爆炸

128堂物理通关课

• 进阶篇

压强

李剑龙 | 著

牛猫小分队 | 绘

浙江科学技术出版社

图书在版编目（CIP）数据

物理大爆炸：128 堂物理通关课 . 进阶篇 . 压强 / 李剑龙著；牛猫小分队绘 . 一杭州：浙江科学技术出版社，2023.8（2024.6 重印）

ISBN 978-7-5739-0583-3

Ⅰ . ①物… Ⅱ . ①李… ②牛… Ⅲ . ①物理学 – 青少年读物 Ⅳ . ① O4-49

中国国家版本馆 CIP 数据核字 (2023) 第 052602 号

美术指导 _ 苏岚岚

画面策划 _ 李剑龙 赏 鉴

漫画主创 _ 赏 鉴 苏岚岚

漫画助理 _ 杨盼盼 虞天成 张 莹

封面设计 _ 牛猫小分队

版式设计 _ 牛猫小分队

设计执行 _ 郭童羽 张 莹

鸣谢名单

第 8 册　　徐 颖 谭 章

第 9 册　　赵 沛 李 涛 卞 赟 王 一 孙亚飞
　　　　　代佳明 吴跃伟 李延兵

第10 册　　汪建勋 唐立梅 吕秋平 全向前

第11 册　　李轻舟 王 苏 刘芳菲

第12 册　　杨式辉 孟 斐 何校威 陈 耸 周至美
　　　　　曹 伟

感谢所有为本书提供彩色照片的科学家和摄影师们。

你好，我叫李剑龙，现在住在杭州。我在浙江大学近代物理中心取得了博士学位，也是中国科普作家协会的会员。

在读博士的时候，我就喜欢上了科学传播。我发现，国内的很多学习资料都是专家写给同行看的。读者如果没有经过专业的训练，很难读懂其中在说什么。如果把这些资料拿给青少年看，他们就更搞不懂了。

于是，为了让知识变得平易近人，让青少年们感受到学习的乐趣，我创办了图书品牌"谢耳朵漫画"。漫画中的谢耳朵就是我。我的主要工作就是将硬核的知识拆开，变成一级级容易攀登的"知识台阶"。于是，我成了一位跨领域的科研解读人。我服务过 985 大学、中国科学院各研究所的博导、教授和院士们。此外，我还承接过两位诺贝尔奖得主提出的解读需求。

"谢耳朵漫画"创办以来，我带领团队创作了多部面向青少年的科学漫画图书，如《有本事来吃我呀》《这屁股我不要了》和《新科技驾到》。其中有的作品正在海外发售，有的作品获得了文津奖推荐，有的作品销量超过了 200 万册。

我在得到知识平台推出的重磅课程"给忙碌者的量子力学课"，已经帮助 6 万人颠覆了自己的世界观。

你好呀，我是牛猫小分队的牛猫，我的真名叫苏岚岚。我从中国美术学院毕业后到法国学习设计，并且获得了法国国家高等造型艺术硕士文凭。求学期间，我的很多专业课拿了第一，作品多次获奖，也多次参加国内外展览。由于表现突出，我还获得了欧盟奖学金支持，到德国学习插画，并且取得所有科目全 A 的好成绩。工作以后，我成为《有本事来吃我呀》和《动物大爆炸》的作者、《新科技驾到》和《这屁股我不要了》的主创。

看到这里，你一定以为我是一名从小到大成绩优秀的"学霸"。其实，我中学时代偏科严重，是一名物理"学渣"。明明自己很聪明，可是物理考试怎么会不及格呢？我经过长时间的反思，终于找到了原因。课本太枯燥了，老师讲得又无趣，久而久之，我对这个科目完全失去了兴趣。

从学渣到学霸的转变，让我深刻体会到"兴趣是最好的老师"。于是，我把设计、画画、编剧等技能发挥出来，开创了用四格漫画组成"小剧场"来传播科学知识的形式。咱们这套书里的很多故事就是我和李老师共同创作的，希望让小朋友在哈哈大笑中学会知识。

牛猫小分队的另一个核心成员叫赏鉴，他是咱们这套书的漫画主笔，他画的漫画在全网已经有 5000 万以上的阅读量啦。

目录

第51堂　我们为什么要学习压强

第54堂　液体的压强

目

录

第51堂

我们为什么要
学习压强

为什么野猪先生卖的菜刀连胡萝卜都切不了呢？答案正如野猪先生所说——没有开刃。翻译成大白话就是，这把刀太钝了，必须在磨刀石上好好磨一磨，才能正常切菜。

不知道你发现没有，在生活中，许多东西都像菜刀一样，必须磨成尖尖的才能正常使用。比如，钉子必须是尖头的，否则，我们就算抡起锤子使劲砸，也没法把钉子砸进木板里。再如，缝衣针必须又细又尖，否则，我们就算拿顶针使劲顶，也没法将针头穿过厚厚的大衣。

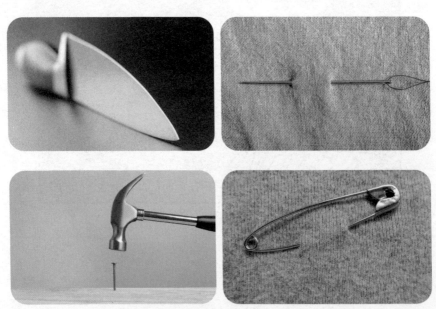

为什么菜刀、钉子和缝衣针都必须磨得尖尖的，才能正常使用呢？答案的关键正是我们这一册的主题——**压强**。

简单来说，一个物体想要穿透阻碍，它长得越尖，可以产生的压强就越大。只有当压强大到一定程度之后，物体才能冲破阻碍，顺利前进。

在我们的生活中，许多工具都利用压强的原理发挥着自己的作用。就这样，在不知不觉中，压强成为生活中的破局利器。

为什么我把软管放进鱼缸之后，鱼缸里的水会沿着软管自动向上流呢？

这是因为，软管不是空的，而是被我提前灌满了水。当我把软管一头放进高处的鱼缸里，另一头放进低处的水桶里时，在压强的作用下，水就会从高处的鱼缸流向低处的水桶。此时，鱼缸里的水不是自动流出来的，而是被压强压出来的。

这种液体看似从下往上流，实则是被压强从高处往低处压的现象，叫作**虹吸现象**。

虹吸现象

大气压强

吸！

咕嘟！

42

第51堂
我们为什么要学习压强

你应该对虹吸现象并不陌生，因为你家的抽水马桶就可能存在虹吸现象。抽水马桶的管道通常不是直着往下走的，而是先往上走，再往下走。这样设计的好处是，马桶冲水之后总会有一部分水留在管道里，让管道里的气味不会涌出来。而且，这种结构并不会对冲水过程产生阻碍。由于虹吸现象的存在，只要马桶中的水面达到了一定高度，水就会在压强的作用下向外流。

虹吸式马桶

隔绝气味

哗啦啦！

虹吸式马桶的吸力比普通的直冲式马桶要大哟！

9

　　在郊外，许多摩托车爱好者会骑着摩托遛弯儿。有时候，他们会不小心把汽油用光，于是不得不向路过的汽车司机借汽油。可是，怎样才能把汽油从汽车的油箱里弄到摩托车的油箱里呢？其实答案很简单，只需要一根普通的软管就够了。

　　首先，他们会把软管的一头伸进汽车油箱里，然后把另一头含在嘴里，使劲吸一下，让软管里充满汽油[注]。

注：汽油对人体有害，请勿吸食。

接下来，他们会把手中的这头软管捏紧，然后小心放入低处的油桶中。这时只需要松开软管，汽油就会源源不断地从汽车油箱里流出来了。

你看，虹吸现象还可以帮摩托车爱好者借汽油。

11

这几个例子告诉我们，菜刀、钉子、缝衣针这样的固体中存在压强，水、汽油这样的液体中也存在压强。而且，液体压强的应用场景似乎更加广泛，其中存在许多像虹吸现象这样看起来有点儿不可思议，实则完全符合物理定律的情况。

给鱼缸换水

虹吸式下水管

第 51 堂
我们为什么要
学习压强

自虹吸装置

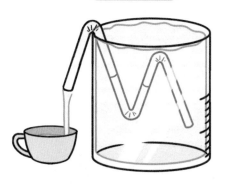

假如你将三根吸管组装成 M 形，
并插入装满水的杯子中，水就会自动流出来。

那么，液体压强还会产生哪
些不可思议的效果呢？

请看下一个故事：大鳄
鱼的家怎么没了。

　　大鳄鱼早上才把抢来的宝藏藏到房子里，晚上就发现自己的房子不见了。原来，耳郭狐偷偷把他的房子挪到了草丛后面。可是，耳郭狐的个头儿这么小，他是怎样把一幢房子挪走的呢？答案是耳郭狐和小伙伴使用了一种能够把自己的力量成倍放大的"神器"——**液压千斤顶**。

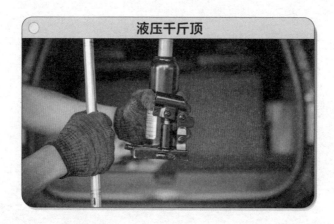

液压千斤顶

还我房子！

快跑快跑！

　　液压千斤顶，顾名思义，它可以利用液体压强，将千斤重的物体顶起来。实际上，千斤顶的力量要比"千斤"还要大上很多。土木工程里常用的小型千斤顶，最多可以顶起 5 吨重的物体。如果型号再大一些，它还可以顶起 50 吨重的物体。也就是说，只要耳郭狐用力扳动把手，这种千斤顶完全可以把十几头大象一起顶起来。

液压千斤顶顶起桥梁

液压千斤顶顶起了超过 3 万吨的厦门后溪汽车站

下图来源：中建一局

千斤顶的用途非常广泛。在给汽车换轮胎的时候，维修人员会用千斤顶把汽车底盘顶起来；在进行灾难救援的时候，救援人员会用千斤顶把废墟里的建筑残骸^{hái}顶起来；在修建地铁的时候，假如新的地铁线路恰好要从旧的地铁线路下方经过，工程师就会用千斤顶把旧的地铁线路顶起来，再挖掘新的线路。

汽车维修中的千斤顶

灾难救援中的千斤顶

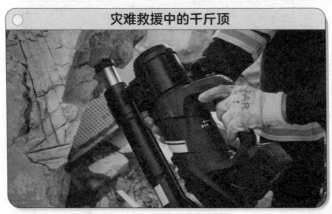

液压千斤顶为什么会产生如此巨大的力量呢？

原来，它的内部存在一个密闭的空腔，里面充满一种液压油。当耳郭狐扳动把手时，液压油的压强就会增大。通过巧妙的油路设计，这股增大的压强最终会转化成巨大的托举力，将汽车、房屋和地铁线路顶起来。

总之，液压千斤顶的关键是液压油的压强。

液压千斤顶的工作原理

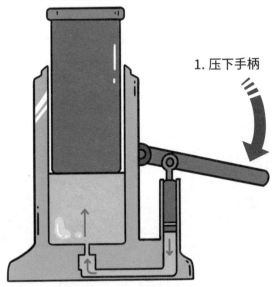

3. 活塞被顶起

1. 压下手柄

2. 油泵中的油通过油路被压入油腔

在大规模应用液压千斤顶以前，如果房子挡住了新修的马路，我们就不得不把房子拆掉，然后在另外的地方重新盖一座房子。有时候，房子刚好是文物古迹，无法拆除，新修的马路就不得不绕道。总之，要么房屋主人得多花钱，要么路政单位要多花钱，总有一方要付出巨大的代价。

有了液压千斤顶之后，类似的问题就变得好办多了。房子挡住了马路？那就把房子往旁边挪一挪。反正房子再怎么重，也是空心的。只要每隔一段距离在地梁上塞进一个千斤顶，我们就可以像移动家具那样移动房屋。

你知道吗？ 2019 年，建筑面积达 2.28 万平方米、总质量达 3 万多吨的厦门后溪长途汽车站主站房，成功地在千斤顶的帮助下移动了 288.24 米，打破了吉尼斯世界纪录。

厦门后溪长途汽车站主站房利用千斤顶旋转了90°

图片来源：中建一局

千斤顶真好用！

哪里需要顶哪里！

山小魈的方向盘突然变得像铅块一样沉，刹车和油门突然像石化了一样，根本踩不动，这是怎么回事？

原来，山小魈当着大家的面说液体压强没啥用，惹恼了自己的汽车，于是，汽车关闭了液压助力系统，让山小魈体验一下没有液体压强是什么滋味。

你知道吗？转动方向盘需要液压的帮助。

方向盘

储油罐

油泵

转向执行装置

第51堂
我们为什么要学习压强

你知道吗？汽车的许多操纵装置原本都需要人们花费很大的力气才能使用。例如，老式汽车的方向盘转起来像铅块一样重，驾驶员转动这样的方向盘时，要花费很大很大的力气。新手在学习驾驶汽车的时候，往往要反复练习转动方向盘，有的人甚至会把胳膊练得肿起来。后来，汽车液压助力系统逐渐普及了。有了液体压强的帮助，方向盘转起来就轻松多了。这时，驾驶员才会觉得驾驶汽车是一件轻松惬意的事情[注]。

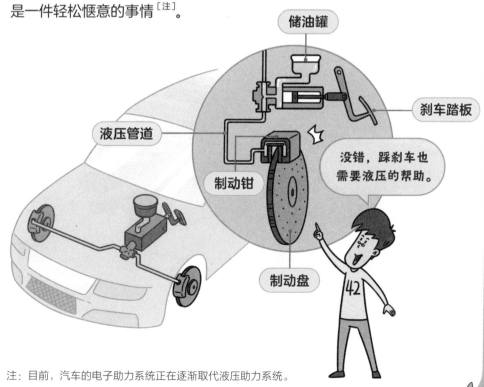

没错，踩刹车也需要液压的帮助。

注：目前，汽车的电子助力系统正在逐渐取代液压助力系统。

除了汽车，许多大型设备都会配备液压助力系统、液压传动系统或液压控制系统。例如，大型客机的副翼、升降舵、襟翼、方向舵、起落架、刹车系统，都需要通过液体压强来进行控制。否则的话，仅凭飞行员的臂力，很难将这些装置移动到最合适的位置上。

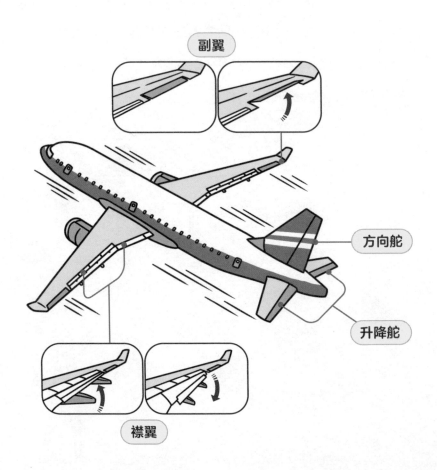

副翼

方向舵

升降舵

襟翼

再如，注塑机、锻压机、挖掘机、打桩机、轧钢机、升降机、卷扬机、火炮操纵装置等，都会利用液压系统让自己变得更有力量，更容易操控。

注：宇宙学常数被称为天文学的三大"乌云"之一。

　　大气压强的高低，是预测天气变化的重要指标之一。因此，我们有时可以通过测量气压的变化，推测天气的变化趋势。例如，在夏季，如果你所在的地方气压很高，那么这段时间的天气应该会以晴天为主，不太可能下雨。

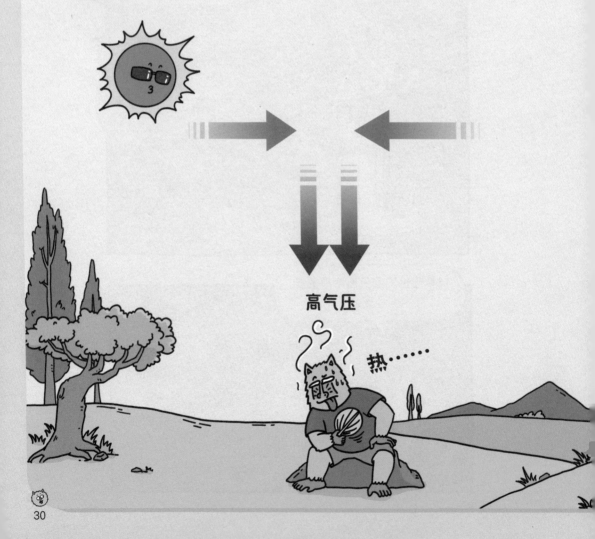

高气压

热……

如果你所在的地方气压很低,那么这段时间就可能出现阴雨天气。

低气压

凉快!

为什么气压的高低跟天气的变化有关呢？

　　让我们以我国夏季的天气为例，说明其中的原理。夏天，地球表面的温度比较高，空气中的水分含量也会比较高。此时，潮湿的空气会一边受热膨胀，一边向高处爬升。高空的温度总是比地球表面的温度低很多。当空气爬升到高空时，其中的水分就会遇冷凝结，变成水滴或冰晶，形成积雨云，然后从高空中跌落下来，形成降雨或冰雹。

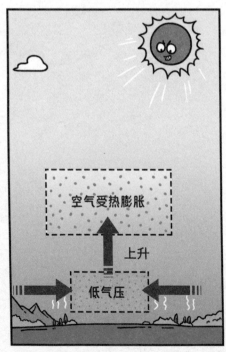

当地表的空气向高空爬升时，留在地表的空气就相对变少了，地表附近的大气压强也就随之下降，形成低气压。因此，在夏天，地区性的强降雨天气通常伴随着低气压。

当然，天气系统十分复杂。要想精确预测一个地区的天气变化，天气预报专家还要收集温度、湿度、风向等信息，然后代入一组复杂的物理公式，让大型计算机进行计算。你没有看错，天气预报不仅仅是一个气象学问题，它同时也是物理学和数学问题！

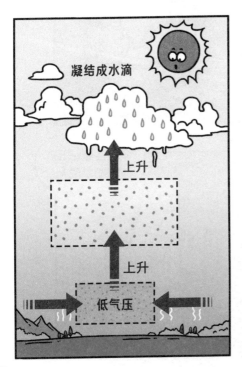

　　为什么我把铅笔芯放进了一口圆形的锅中，过了一会儿，铅笔芯就变成钻石了呢？

　　这是因为，铅笔芯的主要成分石墨，和钻石的原身金刚石，本来就可以相互转化。它们都是由碳原子经过一定的规则排列后形成的。要想用石墨制造金刚石，我们只需要设法打乱碳原子原先的排列，再让它们按照金刚石的样子排列就可以了。

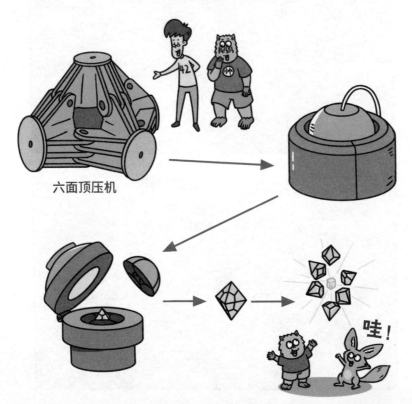

六面顶压机

哇！

那么，我们该如何让碳原子按照新的规则重新排列呢？条件之一就是**增大环境的压强**。这时，我需要一台六面顶压机。这种设备的内部压强可以达到大气压的 1 万 ~ 2 万倍，大概相当于你身体的每一平方厘米的皮肤上都压着一只成年河马。在如此巨大的压强下，且在 2000 多摄氏度的高温中，碳原子被迫以金刚石的形式重新排列。如此一来，石墨就变成金刚石啦。

你知道吗？2021 年，全世界一共生产了 900 万克拉的人造金刚石，其中有 90% 是中国生产出来的。更有意思的是，我国的人造金刚石中有 80% 是在河南省生产出来的。

当然，这些人造金刚石并不是全部用于制作珠宝饰品。它们也可以做成刀具、锯片、钻头和全反射棱镜。

角磨机刀片中的金刚石

Hustvedt 摄，Wikimedia Commons 收藏，
遵守 CC BY-SA 3.0 协议

金刚石切割盘

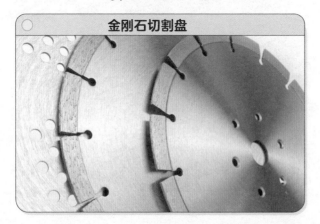

假如我们向人造金刚石中加入一些特定的化学元素，它们还可以被改造成金刚石量子计算装置，用于与量子计算有关的科学实验，比如制造量子纠缠。

金刚石量子计算装置

香港科技大学 杨森 摄

人造金刚石真是既好看又有用啊！而且，在不久的将来，人造金刚石会变得像玻璃一样便宜。或许，你随时可以像掏弹珠一样，从口袋里掏出几块金刚石来玩。到那时，请你不要忘了其中有压强的一份功劳哟。

压强是化学工业中一颗闪亮的明星。例如，制造氮肥需要高压环境，石油炼制需要高压环境，将煤转化成液体燃料需要高压环境，合成许多高分子材料也需要高压环境。

第51堂
我们为什么要学习压强

　　总之，不论是在我们的生活中，还是在机械工业、航空工业、化学工业中，压强都是帮我们排忧解难、冲锋陷阵、将不可能变成可能的关键角色。还等什么呢？让我们一起探究压强的奥秘吧！

那么，压强到底是什么意思呢？

这得从压力的概念说起。请看下一个故事：孙悟空为什么"压力山大"。

第 52 堂

压力和压强

第 1 节　什么是压力

　　如来佛祖把孙悟空压在了五行山下，导致孙悟空在 500 年里动弹不得。在这 500 年间，孙悟空每天都要承受巨大的压力。

　　当然，我说的"压力"不是精神压力，而是五行山施加的垂直于孙悟空身体表面的作用力。孙悟空是趴在地上的，假如我们在他的背上画上一条垂线，那么这条垂线的一头是指向天空的，另一头是指向地球中心的。显而易见，五行山对他施加的压力就是沿着这条垂线指向地球中心的。

哈哈哈哈！
小小泼猴！

哼……

当孙悟空趴在地上时，五行山的压力垂直指向地球中心

假如孙悟空在被五行山压住的时候，刚好斜靠在另一座山的山坡上，那么五行山的压力就是斜着指向坡面的。而且，这个坡面的角度越大，压力的角度也会越大。

总之，压力总是满足两个条件：第一，压力存在于两个物体的接触面上；第二，无论接触面如何倾斜，压力的方向总是垂直于此接触面。

敲黑板，划重点！

当两个物体相互接触时，垂直压在受力物体表面的那个力叫作压力。

嗯？

坡面的角度越大，孙悟空受到的压力的角度越大

在生活中的许多场合，都存在压力的身影。例如，当我们往墙上钉钉子时，钉子的表面会受到锤头的压力；当我们用手推购物车时，购物车的车把会受到手掌的压力；当我们用球拍击打羽毛球时，羽毛球会受到球拍的压力；当我们抱着游泳圈跳进游泳池时，游泳圈会受到胳膊的压力；当我们站在风中打开雨伞时，雨伞会受到风的压力。

啪!

亲爱的读者，你在生活中
还见过哪些存在于物体
之间的压力呢？

49

山大魈和象不象的压力

课堂里，谢耳朵说："书压着我的力叫压力，我顶着书的力，也叫压力。"这是为什么呢？当然是因为那句老话，"力的作用是相互的"啦！

当象不象给山大魁施加作用力时，山大魁也被动地朝象不象施加了一股反作用力。由于这股反作用力跟前一股力的大小相等、方向相反，正好垂直于象不象的身体表面，因此，这股反作用力也是一种压力。虽然象不象讲得没错，但是他欺负山大魁这件事，确实做得不对哟。

第52堂

压力和压强

你发现了吗？**物体之间的压力总是成对出现的。**当锤头给钉子施加压力时，钉子也在给锤头施加压力；当球拍给羽毛球施加压力时，羽毛球也在给球拍施加压力；当风给雨伞施加压力时，雨伞也在给风施加压力。

注：本故事纯属虚构。

为什么一模一样的两座五行山，压在相似的两只猴子身上，六耳猕猴却比孙悟空更难受呢？

因为右边的五行山是正着压在孙悟空身上的，而左边的五行山是"手指"朝下、"手掌"向上，倒着压在六耳猕猴身上的。那么，五行山上下颠倒以后，压力的效果为什么会不一样呢？

你可能已经发现了，两座山与两只猴子的接触面积不一样。五行山跟孙悟空的接触面积比较大，除此之外，它还跟地面存在广泛的接触。当一座山的压力分散在较大的面积上时，每个区域所受到的压力就相对较小。

这孙悟空被压着居然还能睡大觉。

呼噜呼噜……

　　反过来就不一样啦。五行山跟地面没有接触，把所有压力都集中在"手指"和六耳猕猴所接触的那一小块区域中。如此一来，这块区域就承受了极大的压力，让六耳猕猴感到十分不舒服[注]。

注：请你不要担心，在本书的创作过程中，没有任何一种动物受到了伤害。

这个故事告诉我们，即使物体之间存在的压力相同，只要二者的接触面积不同，压力的作用效果就会大不一样。

敲黑板，划重点！

> 在同样的压力下，如果两个物体的接触面积较大，压力的效果就不明显；如果两个物体的接触面积较小，压力的效果就会明显很多。

在生活中你可能会遇到这样的情况：妈妈光着脚时不小心踩了你一脚，你可能只会感受到轻微的疼痛。但如果妈妈穿着高跟鞋时不小心踩了你一脚，你可能会痛得惨叫一声。这就是压力相同、接触面积不同所导致的。

第 52 堂

压力和压强

平地

蹦！

指压板

沙发

沙发上有一颗石子

哎哟

那么，有没有什么办法能够定量地描述压力的不同效果呢？

请先看下一个故事：
猪八戒背骆驼。

当猪八戒骑在骆驼的背上时，他们俩的压力分散在骆驼的四只大脚掌上，产生的压强比较小，所以，他们不会陷进沙子里。然而，当骆驼骑在猪八戒的背上时，他们俩的压力集中在了猪八戒的两只小脚掌上，产生的压强就比较大。结果，猪八戒还没来得及迈出一步，就陷到沙子里啦。

这个故事告诉我们，要想衡量压力的作用效果，我们必须搞清楚压力集中程度是大还是小。在物理学中，正好有一种物理量能够衡量压力的集中程度，它就是**压强**。

压强具体是什么意思呢？我给你演示一下，你看完就明白啦。首先，我们有三个象棋棋子，它们对桌面产生的压力都是一样的，都是6牛。

接下来，我们把物体之间的接触面划分成几个边长等于 1 米的方格。如此一来，每个方格的面积就是 1 平方米。在物理学中，我们管每个方格的面积叫作**单位面积**。

比如这三个象棋棋子的底面积，就分别是三个、两个和一个单位面积。

单位面积

最后，我们把压力均匀地分摊到每个方格上，算一算每个方格（单位面积）分摊到了多少压力。

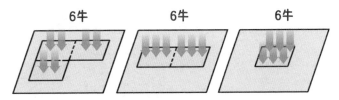

6 牛　　　6 牛　　　6 牛

在上面的例子中，虽然压力都是 6 牛，但分到每个格子的压力是不同的。第一种情况中压力的集中程度最小，每个格子分到了 2 牛的压力。

第二种情况中压力的集中程度大一些，每个格子分到了 3 牛。第三种情况中压力的集中程度最大，每个格子分到了 6 牛。

因此，第一种情况中方格受到的压强最小，是 2 牛 / 米^2。第二种情况中的压强大一些，是 3 牛 / 米^2。第三种情况中的压强最大，是 6 牛 / 米^2。

此时，你可能已经搞清楚什么叫压强了。

敲黑板，划重点！

压强就是物体在单位面积上受到的压力。

物体在单位面积上受到的压力大，我们就说它受到的压强大。物体在单位面积上受到的压力小，我们就说它受到的压强小。

具体来说，为了得到压强的数值，我们需要用物体受到的压力除以物体间的接触面积来计算。

$$压强 = \frac{压力}{面积}$$

因此，压强的单位就是用压力的单位"牛"除以面积的单位"平方米"，也就是"牛／米²"。

不过，在平时使用压强的单位时，我们通常不会写成"牛／米²"的形式，而是写成另外一种更简单的形式。

还记得吗？速度和密度也是两个物理量的比值！

压力

面积

求比值

压强

那么，这种更简单的形式是什么呢？

请看下一个故事：牛顿如何变成帕斯卡。

牛顿如何变成帕斯卡

第 5 节　帕斯卡：压强的单位

当大鳄鱼拦路抢劫的时候，科学家牛顿不慌不忙地给大鳄鱼讲了一个冷笑话。他往一个长、宽各为 1 米的正方形区域内一站，然后自称是帕斯卡。这是因为在物理学中，当 1 牛的力作用在面积为 1 平方米的区域内时，我们就说这个区域内的压强是 1 帕斯卡。

没错，"帕斯卡"就是科学家给"牛 / 米^2"这个单位起的新名字，简称"帕"，符号是 Pa。牛顿自以为这个笑话很好笑，结果，大鳄鱼和牛顿的同伴全都没笑出来。

跟牛顿一样，帕斯卡也是一位生活在 300 多年前的科学家。不过，牛顿是英国人，帕斯卡是法国人。而且，帕斯卡比牛顿大了整整 20 岁，估计牛顿得叫他一声"叔叔"。

帕斯卡

牛顿

叔，给我证明一下呀！

你是不是当我傻！

　　我们在这一册里学习的压强概念，可以粗略地划分到牛顿力学的一个分支——流体力学中。而帕斯卡对物理学的贡献主要就在流体力学中。

　　例如，通过分析前人的科学实验，帕斯卡阐明了压强和真空的概念，纠正了亚里士多德的一个错误观点 ——"自然界厌恶（不存在）真空"。

亚里士多德

滋——

帕斯卡

我们平时使用的各种液压装置，包括液压千斤顶、液压机、液压传动系统等，用到的原理"帕斯卡定律"也是帕斯卡发现的。

另外，帕斯卡还有一个小小的发明——注射器。也就是说，你能够在医院打疫苗或打针治疗，帕斯卡也有一份功劳。

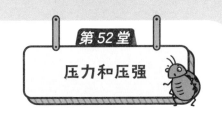

第52堂

压力和压强

　　除了物理学，帕斯卡在其他自然科学领域也做出了许多杰出贡献，这一点也跟牛顿很相似。帕斯卡在观察赌博的过程中，提出了大名鼎鼎的数学理论"概率论"。为了计算自己该给政府缴纳多少税款，帕斯卡还发明了世界上最早的机械计算器——"帕斯卡计算器"。除此之外，帕斯卡还是一位优秀的哲学家和散文大师。有人认为，帕斯卡的散文直接影响了后来的思想家伏尔泰和卢梭。

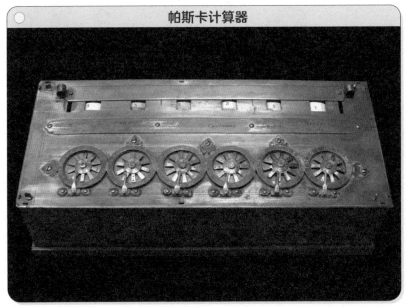

帕斯卡计算器

Rama 摄，Wikimedia Commons 收藏，遵守 CC BY-SA 3.0 FR 协议

遗憾的是，帕斯卡在 39 岁的时候就与世长辞了。为了纪念他的贡献，科学家以他的名字命名了"牛 / 米²"这个物理单位。在物理学中，这不仅仅是压强的单位，还是应力、弹性模量和抗拉强度等其他物理量的单位。

敲黑板，划重点！

压强的单位是帕斯卡。1 帕斯卡代表每平方米受到 1 牛的压力。

压力和压强

数值小课堂

生活中的压强

海平面附近的
大气压强
101.3 千帕

氧气瓶内的
氧气压强
15000 千帕

海拔 3700 米处
的大气压强
63.3 千帕

篮球内的
气体压强
60 千帕

吸尘器
21 千帕

水下 40 米处的
水压
392 千帕

太空
0 帕

第53堂

压强的增大
与减小

我的乖乖，为什么一只小小的蚊子，产生的压强却比膀大腰圆的象不象一家还要大很多呢？

如果仔细研究压强的定义，你就会发现，压强的大小不仅仅取决于压力的大小，还取决于受力面积的大小。虽然蚊子叮人时施加的压力比象不象一家能够施加的压力小很多，但蚊子叮人时的受力面积比象不象一家的脚掌小得更加离谱。因此，当我们用压力除以受力面积，得到他们产生的压强时，蚊子就取得了第一名。

让我们来具体看一看，蚊子叮人时的压强到底是怎么算出来的。

2018年，一组美国和印度的科学家仔细研究了蚊子叮人的过程。根据他们的观察，蚊子叮人不是像打针一样，一针下去就把皮肤戳破了，而是会把自己的口器分成好几部分，有的负责提供支撑，有的负责像锯子一样割开皮肤，有的负责分泌一种"麻醉剂"，有的负责从血管中吸血。

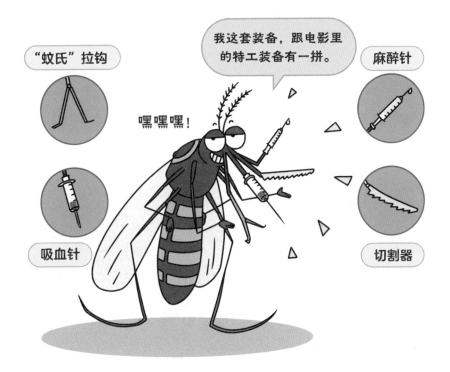

当蚊子试图割开人的皮肤时，它会一边按住这部分口器往皮肤里推压，一边像拉锯子一样轻轻晃动口器。过一小会儿，蚊子就半刺半锯地在皮肤上穿出一个小洞。

根据测算，蚊子此时产生的压力为 10 ～ 20 微牛，它的口器尖端与皮肤的接触面积是 3 ～ 6 平方微米。我们取其中的最小值做估算。

$$压强 = \frac{压力}{面积} = \frac{0.00001\ 牛}{0.000000000003\ 米^2}$$

$$\approx 3300000\ 帕 = 3300\ 千帕$$

　　你看，蚊子产生的压强居然是大气压强的 30 多倍，是不是很厉害！

　　当然，在蚊子叮人的过程中，受压强影响，它的口器也会发生一定形变。因此，蚊子叮人时的接触面积可能存在一定的出入。不过，这并不影响我们的结论：蚊子叮人时产生的压强比象不象一家站立时的压强大很多。

理解了蚊子在压强比赛中战胜了象不象一家的道理，或许你就能理解为什么生活中的许多工具都必须磨得尖尖的了：它们变尖以后，和物体的接触面积就会大幅减小；与此同时，物体受到的压强就会大幅提升。正是靠着巨大的压强，我们的菜刀才能把蔬菜切开，我们的钉子才能刺入木板，我们的缝衣针才能穿过厚厚的大衣。

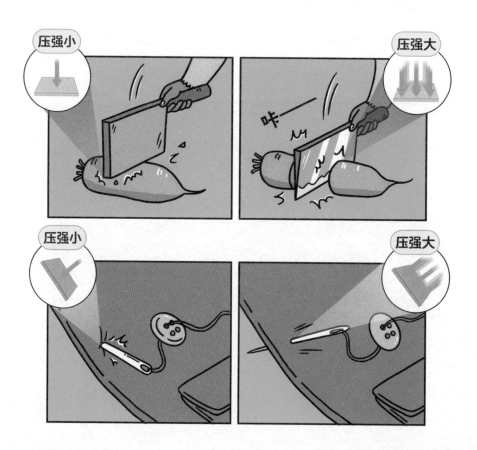

当然，除了把物体变尖、让受力面积变小，我们还有另外一个办法可以增大压强，那就是增大压力。比如，我们仅凭手腕的力量没法把钉子按到木板里，所以我们需要抡起锤子，利用手臂的力量和锤头的惯性，将钉子砸进木板。不过，增大压力的办法通常不如减小受力面积的效果好。毕竟，我们的力气再大也超不过大象。但我们完全可以把工具磨得无比锋利，让它和物体的接触面积按照千分之一、万分之一，甚至百万分之一的比例缩小，从而让物体受到的压强获得千倍、万倍，甚至上百万倍的提升。

你知道吗？为了增大压强，我们总是要按住一边鼻孔，擤另外一边的鼻涕。

擤

为什么薄薄的一页纸，却能把耳郭狐的手划破呢？
看过前面的故事，你应该已经猜出问题的答案了。

　　没错，这是因为纸的边缘过于锋利，和手指接触时产生的压强过大。当这个压强超过表皮的承受能力后，我们的手指就会被它划破。

　　与之类似，山小魁把坦克改装得更漂亮之后，开出去没几米就陷进了地里。这是因为坦克与地面的接触面积变小以后，地面受到的压强变大了。

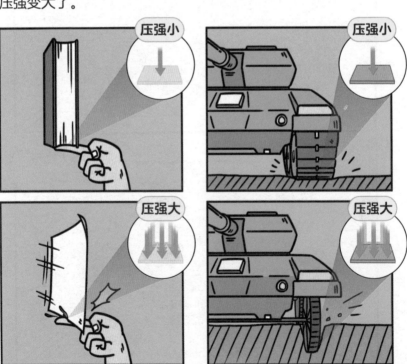

压强小

压强小

压强大

压强大

　　因此，在日常生活中，当坚韧的东西与脆弱的物体接触时，我们要格外注意控制接触面的压强。如果压强过大，脆弱的物体可能会发生严重的形变，甚至断裂。

　　例如，金属家具的边缘必须打磨得很光滑，这样才不会把手割伤。从充气救生梯上滑下时，我们要把身上所有的尖锐物品都拿掉，以免扎破救生梯。

充气救生梯被尖锐物品划破

嘎吱！

飞行安全演练

别怕，我来接住你们。

一个一个排好队！不要携带尖锐物品！

为什么在同样的压强面前，有的材料表现得很坚韧，有的材料却十分脆弱呢？

为了回答这个问题，让我们先来看一看材料是如何被外力破坏的。当材料受到外力时，材料就会发生形变，并在材料内部引发一股内力，试着与外力的作用抗衡。当材料受到很大的压强时，材料表面的单位面积上集中了很大的外力，这就会导致材料内部的单位面积上也集中了很大的内力。

科学家发现，当材料的内力集中到一定程度时，材料就会经受不住内力的作用，被撕开一个大口子，甚至完全断裂。科学家把材料刚好损坏时的内力集中程度，叫作材料的强度[注]。

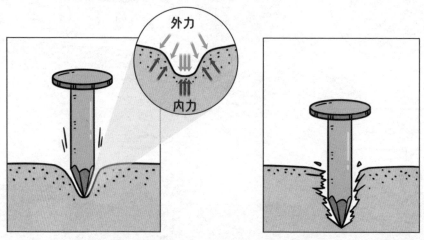

注：材料的强度分为抗拉强度、抗压强度、抗剪强度等很多种。我们在本书中不做深入讨论。

跟压强一样，材料的强度的单位也是帕斯卡。

不同物质形成的材料的强度差异极大。其中强度低的不到1万帕斯卡，高的可以超过几百亿帕斯卡。因此，在工程实践中，工程师们常常根据材料受到的外力，估算材料的内力集中程度，并据此选择可靠的材料和工程方案。

数值小课堂

不同材料的抗拉强度

（单位：百万帕斯卡）

	人的头发	200～250
	钢	400～550
	尼龙纤维	＞600
	蜘蛛丝	1000
	碳纤维（单独纤维）	4000
	碳纳米管	50000～200000
	石墨烯	130000

注：以上图片版权信息见第196页。

例如，杭州市的地铁 1 号线在挖掘穿过钱塘江的地下隧道时，遇到了大量淤泥质软土地基。这种软土地基的强度很差，堪称工程界的"嫩豆腐"。假如你试图在其中挖出一条隧道，上面的土层就会在自身的重力下崩塌。这可怎么办呢？

强度<0.02百万帕斯卡

扑哧——

呀！漏水了！

　　聪明的工程师们想到了应对办法。他们一边让挖掘机向前挖，一边用预制混凝土材料对已经挖好的隧道部分进行加固，这就相当于在隧道里装了一套高强度的骨骼。有了骨骼的帮助，隧道在重压之下也不会散架，地铁列车就能在钱塘江下安全通过啦。

再举一个例子。在科幻电影《流浪地球2》中，未来的人类建成了一部太空电梯。乘坐这部电梯，你可以直接从地球表面升入3万多千米高的太空中。你知道吗？太空电梯的绳索不能太粗，但又必须承受极强的外力作用。

科学家估算，我们平时使用的钢铁、铝合金或碳纤维材料，根本达不到这个强度要求。在未来，只有像碳纳米管、硼氮纳米管和单晶石墨烯材料这样的新型高强度材料，才有可能支撑得起几万千米高的太空电梯。

配重

空间站

运载仓

北极

强度 > 50000百万帕斯卡

山小魈如何从泥潭里脱身

为什么山小魈在泥潭里越陷越深，但最终能够从泥潭里挣脱出来呢？因为他在短视频的指导下，通过正确的自救动作减小了自己施加的压强。

第一，当山小魈陷入泥潭时，他越是挣扎，施加的压强就越大，他下沉的速度就越快。因此，泥潭自救的第一个步骤是"停止挣扎"。

第二，为了从泥潭里拔出双腿，山小魈需要折断一根粗树枝，然后以树枝为支撑物，双手向下压。这根树枝的作用是帮助山小魈增大跟泥潭的接触面积。当山小魈双手向下压时，他施加的压力就会被树枝分散到泥潭上，他就可以在拔出双腿的同时，不让双手陷进去。

唉呀！

压强小

第三，当山小魈拔出双腿之后，他需要继续利用粗树枝，一点儿一点儿地爬回来。这样做同样是为了增加接触面积，减小压强。

压强小

其实，在生活中的很多场合，人们都会利用增大接触面积的办法减小压强。例如，你的书包背带的两头是细的，中间是宽的，就是为了通过增大接触面积，减小书包对你施加的压强。不然的话，你就会被书包勒得难受。

　　同样的道理，俄罗斯农民喜欢使用一种弧形的扁担挑重物。因为这样的扁担接触面积更大，产生的压强更小。

Branson DeCou 摄，Wikimedia Commons 收藏，遵守 CC0 协议

第 53 堂
压强的增大
与减小

重型卡车有好几排车轮、铁轨下面要铺设枕木，这些也是为了增大接触面积、减小压强。

当然，减小压强的方法并不是只有增大接触面积这一种。除此之外，我们还可以尽量减小物体受到的压力。例如，一辆货车一旦造好，它跟地面的接触面积就不会变化了。这时，路政部门会对货车的总质量进行限制，禁止货车超载运行。这是因为，在来来往往的车辆的压力下，道路和桥梁会一点儿一点儿地老化，而且，车辆产生的压强越大，路桥老化的速度就越快。在正常情况下，一条公路的寿命通常为 15 ~ 30 年。假如每辆货车都超载运行，那么可能只需要 1 ~ 2 年，公路就会变得坑坑洼洼，需要全部拆掉重建了。

限重 36 吨

第54堂

液体的压强

　　山大魈趁山小魈不在，偷用了他的浴缸洗澡。可是洗完澡以后，他怎么拔都拔不出浴缸的塞子。是谁这么讨厌，把塞子牢牢地压住了呢？是水产生的压强。

　　就像五行山压住孙悟空时会在接触面上产生压强一样，浴缸里的水压住了缸底和塞子，也会在接触面上产生压强。在浴缸的底部，水的压强均匀地分布在各个地方，对缸底的每个角落都施加了一定的压力。为了抗衡这股压力，山小魈必须使出很大的力气，才能把塞子拔出来。

敲黑板，划重点！

固体相互接触时会产生压强，液体和固体相互接触、液体和液体相互接触时，也会产生压强。

我们很容易感受到固体的压强，液体的压强却比较抽象，我们很少有机会能够直接体验。没关系，让我们用一个小实验来观察它吧。

　　在这个实验中，你要准备一把玩具水枪、几个饮料瓶、一盆水和一个尖尖的图钉。

　　第一步，给玩具水枪灌满水，然后用不同大小的力量扣动扳机。

你会发现，你用的力气越大，水柱射出的距离就越远。这是因为，你施加的压力全部转化成了水的压强。你施加的压力大，水的压强就大，枪口的水柱射出的距离就远。

第二步，用图钉在每个饮料瓶上扎一个小洞。注意，小洞的高度要有的高，有的低。

第三步，将每个饮料瓶放倒在水盆中并灌满水，然后将它们逐一直立起来。

这时你会发现，每个饮料瓶上的小洞都在向外咕噜咕噜地冒水。水柱以不同的速度从各个小洞中喷射出来，就像水柱以不同的速度从水枪枪口喷射出来一样。

压强越大，喷得越远！

　　水枪之所以会发射水柱，是因为你向扳机施加了压力，并将其转化成了水的压强。但是，当你把灌满水的饮料瓶立起来时，你并没有向它们施加压力，水依然会在大气压强的作用下从小洞喷射出来。假如你把水换成酒精、煤油或者其他液体，这个现象仍然会发生。这些现象都说明，液体的内部确实存在一定的压强。

亲爱的读者，在生活中，你还见过哪些现象跟液体的压强有关呢？

我知道，我一调皮捣蛋，我妈妈的血压就会升高！

为什么水坝经过山小魊改造后，刚一启用就被河水冲垮了呢？

还不是因为山小魊一味地"节约成本"，让水坝的形状和厚度都变了。

原来，水坝高高地拦住河水以后，河水内部就会产生巨大的压强。在压强的作用下，河水会无时无刻不像怪兽"哥斯拉"一样用力推压水坝。假如水坝按照我的方案修建，那么河水不可能动它分毫。但由于山小魊背着我修改了水坝的形状和厚度，所以河水一来，

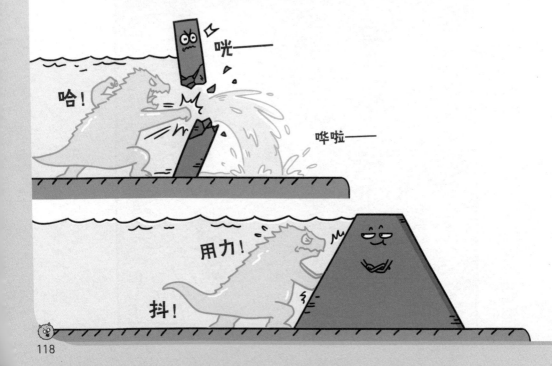

水坝就像豆腐渣一样垮塌了。

这个故事并不是在开玩笑。在现实世界中，液体的压强真的具有惊人的威力。1959 年，因为遭受暴雨，河水水位暴涨，法国马尔帕塞大坝突然崩溃。随着一声巨响，高达 40 米的巨浪以每小时 70 千米的速度冲破了大坝。仅仅半个小时，洪水就将下游的村庄、铁路、公路、电线、水管全部冲毁，最终导致 423 人死亡，其中包括 100 多名儿童。

法国马尔帕塞大坝

Eolefr 摄，Wikimedia Commons 收藏，遵守 CC BY-SA 3.0 协议

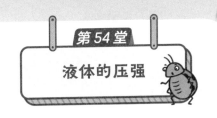

第54堂
液体的压强

　　这个事件震惊了世界，为拥有大量水利资源的国家敲响了警钟，其中也包括中国。

　　你知道吗？我国是世界上拥有水坝数量最多的国家。算上大大小小的水库，我国至少拥有 10 万座水坝。而且，如果河流流经城市，政府通常还会在河流两岸修建河堤。这些水坝和河堤每时每刻都会受到水的压强。当雨季来临，水位上涨时，水利部门就会通过开闸泄洪等措施进行水位调控，确保水坝受到的压强不会过高。有时候，暴雨来得过于猛烈，就算我们打开全部的水闸，江河的水位还是一天比一天高。这时，住在江河附近的居民就会和干部、解放军一起，巡逻大坝，加固大坝，保卫大坝，与凶猛的洪水做斗争。

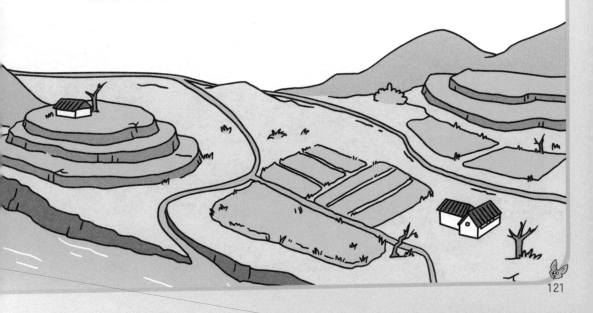

1998 年，我国长江、嫩江、松花江等江河流域遭遇了罕见的特大洪水。在党和政府的领导下，解放军和武警官兵与各地的干部群众一起，进行了一场惊心动魄的抗洪抢险。8 月 7 日，江西九江的长江大堤终于承受不了江水的压力，溃堤了。为了堵住决口、重建大堤，附近的居民捐出了自己的船和汽车，在其中装满石料，然后由武警战士将其沉入江中。与此同时，另一群武警战士手挽着手，组成人墙，将钢管绑成架子插入水中，然后向水中填石块、装沙袋。经过五天五夜的殊死奋战，笼罩在九江人民头上的危险终于解除，九江长江大堤的决口终于合龙了。

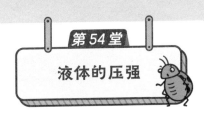

第54堂

液体的压强

众志成城！
抗洪救灾！

　　说到这儿，或许你已经发现了一个问题。在浴缸的故事中，水的压强是垂直向下的；在饮料瓶实验和大坝的故事中，水的压强又是垂直于容器侧壁的。水的压强到底是怎么回事？为什么它一会儿朝着这个方向，一会儿又沿着那个方向呢？

　　答案很简单，因为在液体的内部，液体在所有的方向上都会产生压强。

　　这个道理乍一听好像有点儿难以理解。什么叫液体在所有的方向上都会产生压强呢？别着急，让我们再做一个小实验吧。

让爸爸妈妈给你买一根可以接在水龙头上的塑料软管，用图钉在软管上扎几个小洞。然后将软管接在浴室的水龙头上，打开水龙头。最后，你可以抬高管口，让有的小洞朝上，有的小洞朝下，有的小洞朝着侧面。

这时你会发现，即使小洞是朝上的，它也会向外射出一股急促的水柱。这就说明，不管小洞朝着哪个方向，它都会受到水的压强。也就是说，水的压强可以沿任何方向存在。这个道理对于其他液体同样适用哟。

滋

滋

滋

第4节 液体的深度与压强

山小魈明明是按照一比一的比例制作的雕像模型，丢进海里以后，却变得像挂件一样小。你有没有觉得很神奇？

因为海洋深处的压强比海洋表面的压强大得多，当雕像模型被丢入海中时，随着深度的增加，它受到的海水压强越来越大。由于这个模型是由泡沫塑料制成的，其中含有大量空气，当海水压强大到一定程度以后，泡沫塑料中的空气就会被剧烈压缩，整个模型就会越变越小，最终变成了一个"小挂件"。

你发现了吗？液体的压强并不是一成不变的，而是会随着液体深度的增加而增大。具体怎么增大呢？我用海水举个例子你就明白啦。

空心材料被深海的压强剧烈压缩

自然资源部第二海洋研究所 唐立梅 摄

第 54 堂
液体的压强

在海平面以下 40 米深的地方，压强约为 40 万帕斯卡，相当于你身上每平方厘米都压着一只家猫。

在海平面以下 300 米深的地方，压强约为 300 万帕斯卡，相当于你身上每平方厘米都压着一只狼狗。

在海平面以下 1000 米深的地方，压强约为 1000 万帕斯卡，相当于你身上每平方厘米都压着一位重量级拳王。

1000万帕斯卡

呜呼——

在海平面以下 8000 米深的地方，压强约为 8000 万帕斯卡，相当于你身上每平方厘米都压着一只成年母牛。

8000万帕斯卡

哞

咔！

第54堂

液体的压强

怎么样，是不是很可怕？在 300 米深的海水里，压强达到了 300 万帕斯卡，相当于蚊子刺破皮肤时的压强大小。人体根本无法承受这么大的压强。由于机器的各个零件之间存在缝隙，普通的机器也承受不了这么大的压强。因此，为了能够下潜到更深的地方，我们需要用抗压强度更高的材料，做出密封性更好、安全性更高的潜水器。

2020 年 11 月，我国科学家研制的全海深载人潜水器"奋斗者"号开始在太平洋的深处进行深潜试验，并成功地抵达了 10909 米深的海底。

敲黑板，划重点！

在液体内部，压强会随着液体的深度逐渐变化。一个地方越深，它附近的液体压强就越大。

注：水银存在剧毒，因此，请你千万不要直接接触水银，更不要妄图像机器人一样用水银泡澡。漫画中的场景仅为情节设计需要。

哎呀，多好的一个玻璃浴缸呀，怎么说碎就碎了呢？一定是因为玻璃浴缸受到了很大的压强。可是，玻璃浴缸的深度还不到 1 米，巨大的压强是如何产生的呢？

答案就在液体的密度里。你知道吗？在通常情况下，水的密度是 1000 千克 / 米³。但在相同的情况下，水银的密度是水的 13.6 倍，为 13600 千克 / 米³。机器人量量将水银灌入浴缸后，在深度相同的情况下，水银产生的压强就是水的 13.6 倍。就这样，在巨大压强的作用下，玻璃浴缸承受不住，碎成了好几块。

这个故事告诉我们，除了深度，液体的压强还跟液体的密度有关系。在相同深度的情况下，液体的密度越大，产生的压强就越大；液体的密度越小，产生的压强就越小。

那么，除了深度和密度，液体的压强还跟什么因素有关呢？

请看下一个故事：千万别去木星玩潜水。

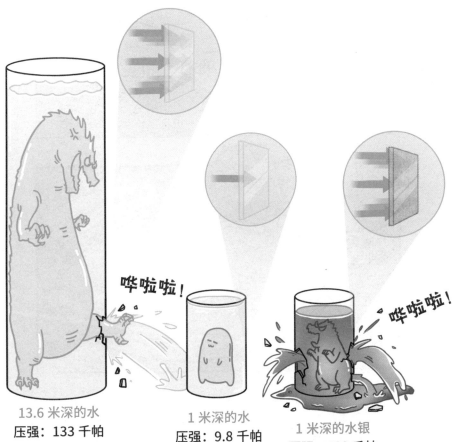

13.6 米深的水
压强：133 千帕

1 米深的水
压强：9.8 千帕

1 米深的水银
压强：133 千帕

哗啦啦！

哗啦啦！

敲黑板，划重点！

　　在相同的深度下，液体的密度越大，液体的压强就越大。

135

为什么木星基地的游泳池才 5 米深，山小魈就差点儿昏过去呢？

这是因为，他在木星表面的游泳池里下潜时，受到的压强要比在地球上下潜时大得多，前者足足是后者的 2.5 倍。也就是说，在地球上，我们在下潜到 12.5 米深的地方时，受到的压强才与在木星上 5 米深的地方大小相当。山小魈没有穿戴任何保护装备，又没有接受过潜水训练，在这样的压强下他当然会觉得头晕憋闷啦！

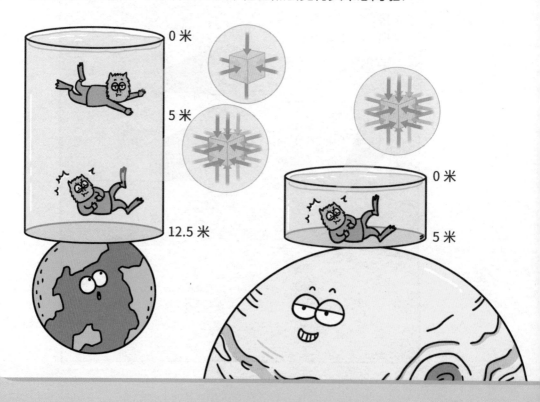

　　这件事确实有点儿奇怪。明明都是水，为什么在木星上产生的压强就突然变大为 2.5 倍呢？原因很简单，木星表面的重力场是地球表面重力场的 2.5 倍。在自然的状态下，液体所处位置的重力场强度越大，其内部（同一深度）的压强就越大；所处位置的重力场强度越小，其内部（同一深度）的压强就越小。

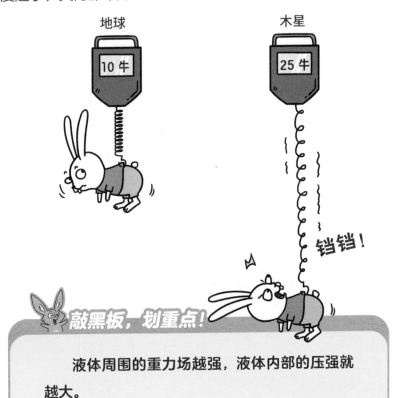

地球

10 牛

木星

25 牛

铛铛！

敲黑板，划重点！

　　液体周围的重力场越强，液体内部的压强就越大。

让我们看一看其他星球的例子吧。火星表面的重力场强度是地球的 38%，所以，火星上水深 10 米处的压强，仅相当于地球上水深 3.8 米处的压强。

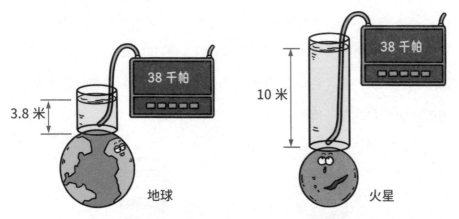

月球表面的重力场强度是地球的 16.5%，所以，月球上水深 10 米处的压强，仅相当于地球上水深 1.65 米处的压强。

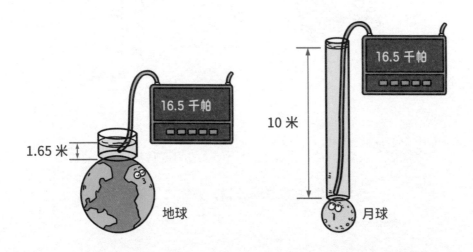

太阳表面的重力场强度是地球的 28 倍。假如我们能在太阳表面建一个游泳池的话，那么其水深 10 米处的压强，就相当于地球上水深 280 米处的压强。

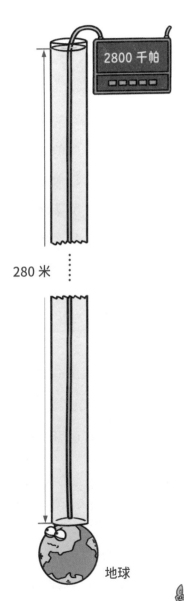

2800 千帕

280 米 ⋮

地球

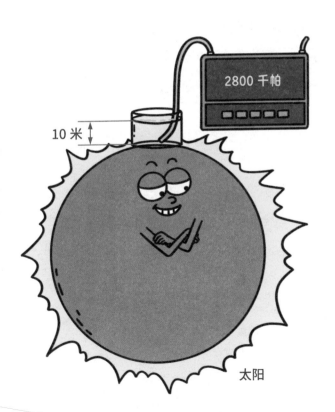

2800 千帕

10 米

太阳

亲爱的读者，我们已经读完了 5 个关于液体压强的故事。这 5 个故事分别说明了 5 个关于液体压强的小知识。

敲黑板，划重点！

1. 液体内部存在压强。有时，这些压强会迸发强大的威力。
2. 液体内部的压强在各个方向上都存在。
3. 液体内部的压强会随着深度的增加而增加。
4. 液体内部的压强会随着液体密度的增加而增加。
5. 液体内部的压强会随着星球表面重力场强度的增加而增加。

你有没有发现，后面 3 个知识看起来很相似？在物理学中，后面 3 个知识其实可以合并成同一个物理知识，叫作**液体压强的数学公式**。你也可以叫它液体压强的数学秘密。

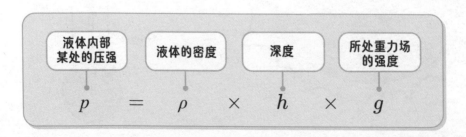

假如我们想要计算液体内部某处的压强，我们只需要把液体的密度、深度和所处重力场的强度这三个数值代入这个公式，再进行两次乘法运算，就能得到正确的结果啦。

例如，地球上 10 米深的湖水产生的压强为：

$$p = 1000 \text{ 千克} / \text{米}^3 \times 10 \text{ 米} \times 9.8 \text{ 牛} / \text{ 千克}$$

$$= 98000 \text{ 牛} / \text{米}^2 = 98000 \text{ 帕斯卡}$$

还记得在第 7 册里，我们是如何计算物体所受重力的大小的吗？在当时，我们使用了一个系数——9.8 牛 / 千克，它表示质量为 1 千克的物体，所受重力为 9.8 牛。这个系数不是别的，正是地球表面重力场的强度 g。

在物理学中，为了行文简洁，我们常常用字母表示相应的物理量。一开始，你可能会觉得不习惯。不用担心，你看着看着就会习惯的。

第8节 液体的连通器

　　山小魁又在利用物理原理表演魔术啦！这一次，他表演的是能够看穿水面高度的"透视眼"。不管你往管子里倒入多少水，他即使隔着一块挡板，也能立刻看出水面的高度。

　　当然，山小魁根本没有什么"透视眼"。他在挡板下面安装了一种形状特殊的容器，叫作连通器。连通器有一个非常简单的特点，不论你在里面灌入多少水，也无论管道的形状如何，水在管道里的高度都会保持一致。山小魁只要观察其中一个管道的水面高度，就可以推断出另一个管道的水面高度啦。

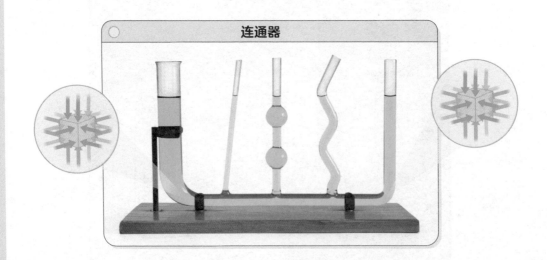

连通器

你知道吗？在我们的日常生活中，很多地方都藏着连通器的身影。例如，我们泡茶的茶壶就是一种连通器，洗脸池底部的存水弯也是一种连通器，有些种类的热水壶侧面带有水位观察窗，它里面的结构也同样是一种连通器。

第9节 三峡船闸——世界上最大的人造连通器

假如你是一艘大型货船的船长，从上海市出发，满载着一船货物，想要溯长江而上，驶向重庆市的九龙坡码头。当船行驶到三峡水电站附近时，你遇到了一个难题：你的面前耸立着一组陡峭的台阶，你和几万吨重的货船需要在一段短短的航道中，逆着江水向上攀升 113 米。可是，货船又没有长腿，它如何才能载着海量的货物向上攀登呢？答案就是利用世界上最大的人造连通器——三峡船闸。

郑家裕 摄

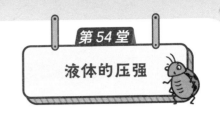

三峡船闸一共分为五级。当你将轮船驶入船闸后，你身后的船闸就会关闭，你面前的船闸就会打开。通过船闸的开合和关闭，货船所在区域的水位也会节节攀升。很快，货船就和水位一起升高了 113 米。你可以驾驶货船，继续航行啦！

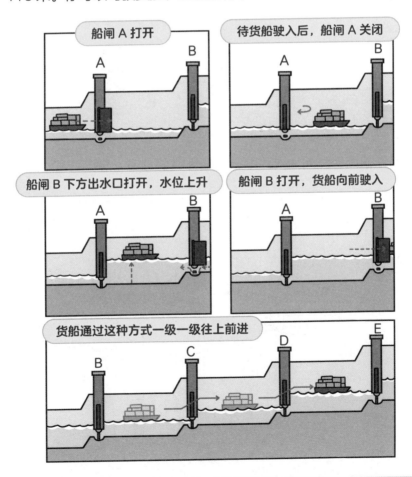

第10节 连通器的液面为什么总是一样高

不管连通器包含几个管道，也不管它们是粗还是细，只要我们向连通器里灌注液体，每个管道的液面就会变得一样高。这是为什么呢？

道理很简单，因为液体总是从压强大的地方流动到压强小的地方。假如一个管道的液面突然升高，根据液体压强的数学公式，管道底部各个方向受到的压强都会变大，于是，液体就会向压强较小的地方流动。

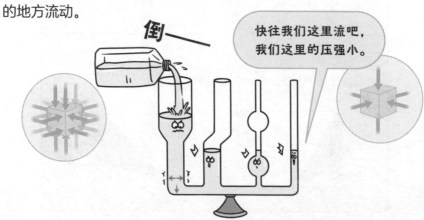

当液体流到其他管道之后，其他管道的液面就会随之升高。当每个管道的液面变得一样高时，管道底部各处的压强就恢复了平衡。于是，不管你朝哪个管道里灌注液体，最后一定会让每个管道里的液面都变得一样高。

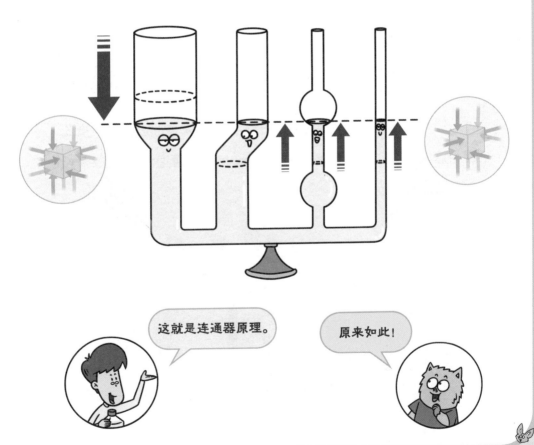

这就是连通器原理。

原来如此！

接下来，让我们来考虑另一种情况。假如我用一个塞子将一根细管塞住，然后让耳郭狐站在塞子上面，这时，其他管道的液面会发生怎样的变化呢？

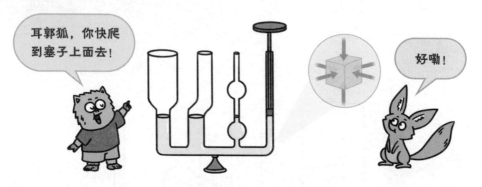

你可能会想，耳郭狐站在塞子上以后，就会把液体向下推压，使得这根管道的液面下降，并导致液体向其他管道流动，最终导致其他管道的液面升高。

你说得没错，耳郭狐的作用力确实会导致其他管道的液面升高。耳郭狐的作用力增加了管底处液体内部的压强，当管底处的液体压强增大以后，液体就会向压强小的地方流动，导致其他管道的液面升高。

看！其他管道内的液面升高了！

压强增大

最后，让我们再考虑一种新的情况。假如我们让耳郭狐站在那根最细的管道上，然后让象不象站在那根最粗的管道上，并且，他们对液体施加的压强刚好相等。这时，又会发生什么变化呢？

你应该猜出来了，由于管道两端的压强相等，管道底部液体的压强也相等。所以，连通器的两根管道的液面会保持相同的高度。

这时，如果山大魈突然跳到耳郭狐身旁，连通器底部的压强就会再次失去平衡，象不象就会被质量远远不如自己的山大魈和耳郭狐顶起来！

哎哟！怎么加个山大魈我就被顶起来了？

我来啦！

顶

蹦跶！

眼前的这一幕是不是有些眼熟？这不就是我们在本册开头讲到的液压千斤顶吗？在那个故事里，耳郭狐只需要施加很小的力气，就能利用液体压强顶起很重的物体。没错，液压千斤顶就是一个连通器，它的一头连着很细的管道，用来承受较小的压力，另一头连着很粗的管道，用来顶起沉重的物体。

连通器

液压千斤顶

这两个东西的原理是一样的。

这个例子中蕴含着如下重要的定律：

敲黑板，划重点！

　　在连通器的一头施加作用力，你就可以利用液体压强将作用力传递到连通器的另一头乃至液体内部的各个部分。这就是帕斯卡定律。

帕斯卡

谢耳朵漫画·物理大爆炸

第55堂

大气压强

小实验　用塑料吸管穿透土豆

山小魈扎坏了十几根吸管，都没有戳穿酸奶盒盖。难道这些吸管真的存在质量问题？可如果是吸管的问题，为什么我一戳就戳穿了呢？

我先不告诉你答案，让我们通过一个小实验来感受一下，用不同方法戳吸管的区别究竟有多大。

准备两根吸管，再准备一颗土豆。

土豆

吸管

第一步，握住一根吸管的中部，用力戳向土豆。你会发现，吸管很快会被土豆弄弯，而土豆一点儿伤痕都没有。没错，山小魈刚才戳酸奶盒失败的经历，在土豆上再次发生了。

第二步，你用大拇指紧紧按住另一根吸管的顶端，再用力戳向土豆。这时你会发现，吸管突然变结实了。它不但没有弯曲，还把土豆戳了一个"透心凉"。没错，我平时就是这么戳酸奶盒的。

为什么用拇指按住吸管后，吸管就变结实了呢？答案就是我们这一堂的主题：大气压强。

无论何时，吸管的周围总是充满了可以流动的空气。在空气的内部，以及在空气与吸管接触的地方，都存在一定的压强。这就是大气压强，有时也简称气压。

气压

　　当你用拇指按住吸管的一头之后，吸管内的空气就无法跑出来了。此时，如果你用吸管戳土豆，管内的空气就会被土豆压缩，导致气压增大。管内气压增大后，就会为吸管提供支撑，让它变得更加结实，不易弯曲。于是，吸管就能在土豆上戳出一个洞了。

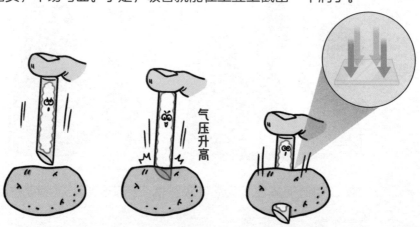

气压升高

反过来，假如你不用拇指按住吸管，而是直接用吸管戳土豆，由于管内空气和管外空气是连通的，管内的空气就不会被土豆压缩，气压也就无法增大。吸管得不到空气的支撑，就容易发生弯曲，没法戳穿土豆，甚至没法戳破酸奶盒盖。

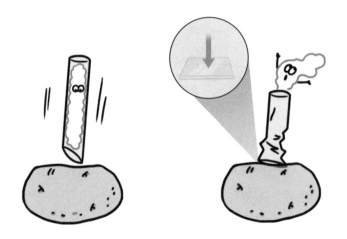

你看，虽然空气平时看起来比羽毛还轻盈、比流水还柔弱，但如果我们合理利用它的压强，就能借它达到比石头还坚韧、比刀尖还锋利的效果。

接下来，让我们再通过一个小实验来体会一下大气压强的威力。

准备一个透明的玻璃杯和一张硬纸板。

第一步，将玻璃杯里灌满水。

哗啦哗啦！

第二步，用硬纸板盖住玻璃杯的杯口。注意，一定要灌满水以后再盖上硬纸板，不要让玻璃杯里留有气泡。

第三步，用手按住硬纸板和玻璃杯，然后快速把玻璃杯倒过来，并将手从硬纸板上松开。

请你试试看，然后告诉我，硬纸板会不会掉下来？杯子里的水会不会洒出来？是谁为硬纸板和水提供了支撑呢？

除了以上两个小实验，生活中的许多地方也有气压的身影。请你观察以下图片，说说看，哪些现象中存在气压的作用。

吹气球

呼————

固定在墙上的吸盘挂钩

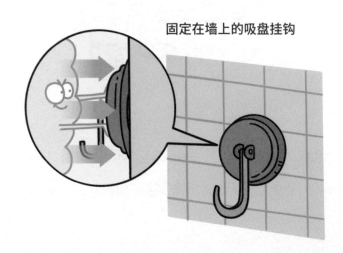

用打气筒给自行车轮胎打气

用滴管吸取液体

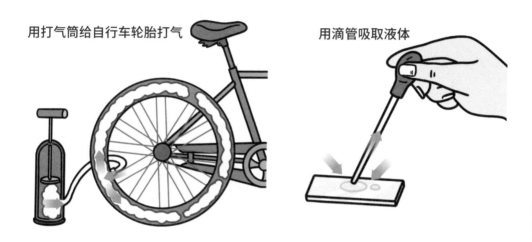

用老式水泵从井里抽水

用高压锅煮汤

啊哈！大鳄鱼实在受不了山魈叔侄的"阴谋诡计"，主动要求乘坐飞机寻找宝藏。万万没想到，山小魈在半途中打开了飞机舱门。于是，一阵狂风吹过，大鳄鱼被吹出了机舱，提前结束旅程。

救命呀……

为什么飞机的舱门打开以后，机舱内会掀起一阵狂风呢？原来，机舱内外的气压不平衡会导致空气的流动，进而产生风。

你知道吗？在地球表面，大气的压强并不是处处相等的。你所在的高度越高，你周围的气压就越低。当飞机飞到万米高空时，周围的气压会下降到地面的 30% 左右。为了不让你感到呼吸困难，大型客机都会在客舱内加压，使得舱内的气压约等于地面附近的75%。

注：乘坐飞机的时候请不要随意拉开舱门哟！

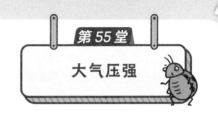

因此，舱内舱外的气压非常不平衡。当山小魁把舱门打开后，空气就会从气压高的机舱急剧地向气压低的舱外流动，并掀起一阵狂风。结果，大鳄鱼就在大气压强的作用下，被吹到飞机外面了。

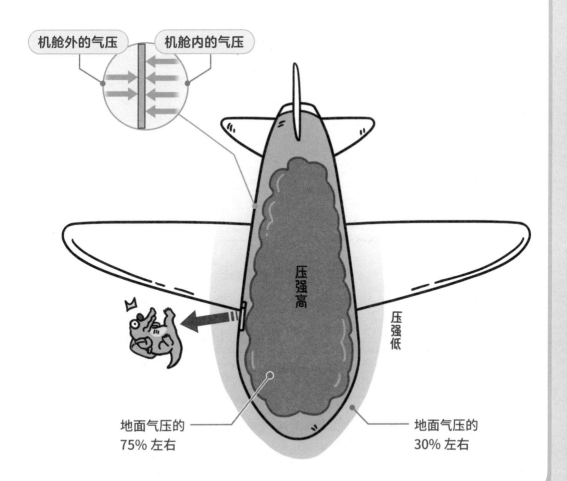

机舱外的气压　　机舱内的气压

压强高

压强低

地面气压的
75% 左右

地面气压的
30% 左右

我们可以从这个故事中学到一个重要的知识：

敲黑板，划重点！

当气体的压强不平衡时，气体就会发生流动，并掀起一阵风。风总是从气压高的地方吹向气压低的地方。

我们在生活中遇到的风，大都是在气压不平衡时产生的。例如，在冬天，蒙古和西伯利亚地表的气压高，位于我国东部太平洋洋面的气压低。因此，冬天的风总是从西北方吹向东南方。

到了夏天，情况刚好反过来。太平洋和印度洋的气压高，而蒙古和西伯利亚地表的气压低。因此，夏天的风总是从东南方、西南方吹向北方。

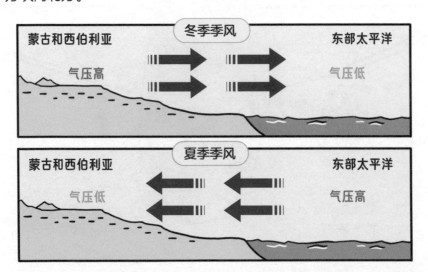

当然，以上说的都是通常情况。有时候，海洋上空也会在海水的高温作用下，形成局部的极端低气压天气。这时，四面八方的空气就会裹挟着水分源源不断地涌进来。这些空气到来以后，又会被海水加热，升到高空，让海面附近的气压变得更低。最终，一个中心气压特别低、中心附近风力特别高的台风（或飓风）就形成了。

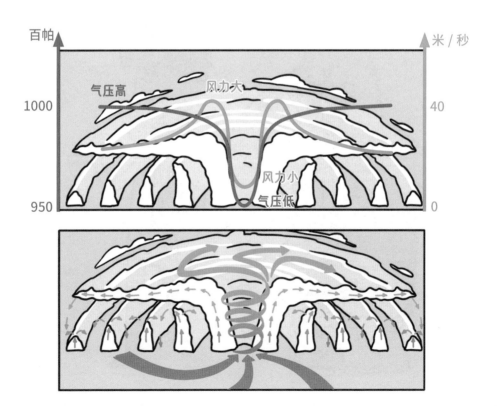

953
956 960
964 968 972
976 980
984
988
992
996
1000
1004

单位：百帕

在生活中，我们常常利用压强的不平衡，让气体或液体从压强高的地方流向压强低的地方。

例如，用吸管喝饮料时，饮料之所以能够在吸管中向上流，就是因为我们通过吸吮的动作，降低了口中的大气压强。

再如，吸尘器之所以能把附近的灰尘吸进盒子里，是因为它的扇叶在高速旋转时降低了附近的大气压强。

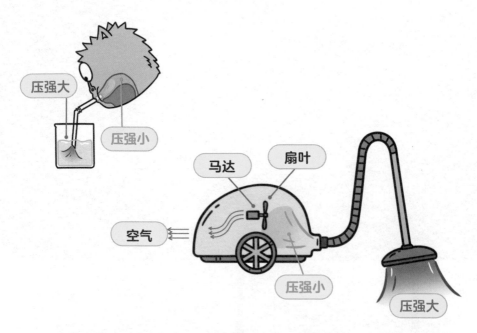

你知道吗？虹吸现象也是压强不平衡的结果。在右图的左边，大气压强需要用力托住一段短短的水柱；在右图的右边，同样大小的大气压强则需要用力托住一段长长的水柱。

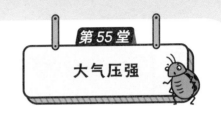

显然，左边水柱的质量小，产生的重力小，托住它只需要消耗很少的力；相反，右边水柱的质量大，产生的重力也大，托住它就需要消耗较多的力。

当左右两边的大气压强通过施加压力的方式托住两边的水柱时，左边大气压强消耗的力量少，剩余的力量多；右边的大气压强消耗的力量多，剩余的力量少。于是，在下图所示的 A 点处，液体内部两侧的压强开始变得不平衡，液体会在压强差的作用下，从左向右流动。如此一来，虹吸现象就产生了。

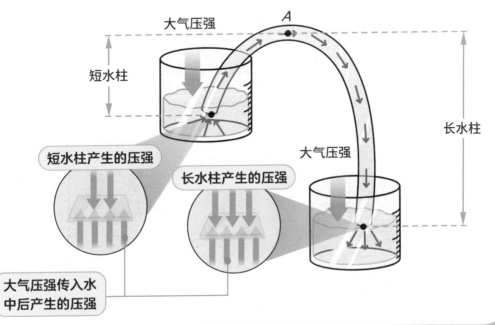

　　山小魈用普通的锅在高山上煮面条，总也煮不熟；我用高压锅煮面条，很轻松就煮熟了。这背后的科学原理是：在海拔 4000 米的高山上，水烧到 86℃ 的时候就已经沸腾了，但是这个温度根本不足以把面条煮熟。与此同时，高压锅里的水烧到 100℃ 以上才会沸腾，把面条煮熟完全不在话下。

　　为什么在地面上，水烧到 100℃ 时才沸腾，但是在高山上，不到 100℃ 也能沸腾呢？原来，**水的沸点并不是恒定不变的，而是会随着环境气压的变化而变化。**

　　当我们从地面爬到高山上时，附近的大气压强会随着高度的升高而不断降低。于是，水的沸点也会随着高度的升高而不断降低。

　　比如，在海平面附近，当大气压强是 101.3 千帕时，水的沸点就是 100℃。

在海拔 4000 米的高山上，大气压强会下降到大约 64.1 千帕，水的沸点会下降到 86 ℃。

假如我们乘坐航天器来到海拔 20000 米的高空，大气压强会下降到 10.2 千帕，水的沸点会下降到 44 ℃左右。

因此，要想在高山上吃上热饭，我们就要用高压锅；要想在飞机上吃上热饭，航空公司就得在地面上提前把饭做熟，放进冰箱，然后在高空中将它们加热。

谢耳朵漫画 · 物理大爆炸

第 56 堂

运动流体
的压强

谁
把
山
小
魈
的
行
李
箱
弄
坏
了

为什么在高铁列车进站的时候，山小魈的行李突然被一股风吹到了车体上呢？

这当然也跟压强有关。为了说明这一点，让我们先解释一个名词：流体。**简单来说，像气体、液体这样能够流动的物质叫作流体。**

瑞士物理学家丹尼尔·伯努利在 1738 年发现，当一个流体发生流动时，它内部产生的压强会稍稍变小一些。现在，让我们用一个小实验来看一看，伯努利说的到底准不准。

敲黑板，划重点！

假如流体内部各个部分的流动速度不相等，那么在流速大的地方，压强通常会变得更小。这叫作伯努利原理。

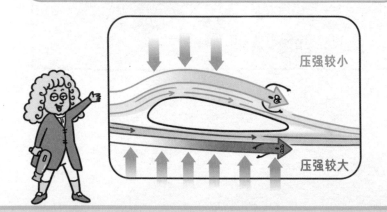

压强较小

压强较大

第56堂

运动流体的压强

第一步，准备一张 A4 纸，用一本书压住它，并把它们放在桌子边沿。再准备一台吹风机，摆放位置如下图所示：

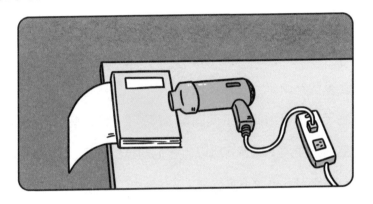

第二步，打开吹风机，你会发现本来下垂的纸突然飘起来了。

为什么纸原本是垂下去的，现在却飘起来了呢？根据我们在第7册学过的知识，它此刻一定受到了外界的作用力。那么，这股作用力来自哪里呢？当然不可能是桌子，因为它的下面除了空气，什么也没有。所以，这股作用力一定来自空气。

　　可是，纸下面的空气并没有受到吹风机的影响，为什么它们会将纸托起来呢？原来，在你还没有打开吹风机时，纸的两面就都跟空气发生了接触，因此，纸两面都受到了空气压强的作用。由于纸两面的空气压强大小相等，所以，它们对纸的作用相互抵消。此时，纸在重力的作用下垂了下去。

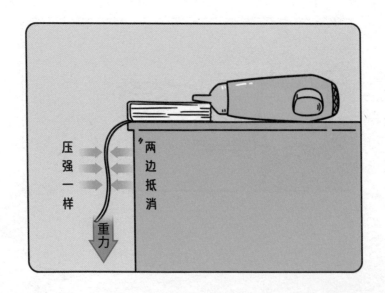

当你打开吹风机之后，纸上面的空气开始快速流动。根据伯努利原理，这部分空气产生的压强会小一些。与此同时，纸下面的空气并没有流动，因此，来自下面空气的压强没有发生变化。如此一来，纸的两侧就产生了一股压强差，正是这股压强差，形成了一股托举纸的压力，将纸顶了起来。

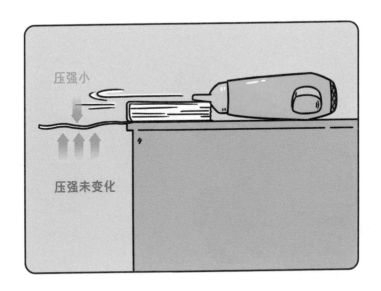

压强小

压强未变化

你知道吗？虽然伯努利原理看起来很难，但是在我们的生活中，它的作用可是非常重要的。

例如，我们坐飞机时，飞机之所以能够从地面升起来，其中一部分托举力的产生就是因为伯努利原理。

给树木喷洒农药时，汽车拖着的大型喷雾器也利用了伯努利原理。

噗——

流速快、压强小

水

　　当然，就像其他物理原理一样，伯努利原理有时也会造成意想不到的事故。例如，当两艘船肩并肩行驶时，由于它们之间的水发生了快速流动，其中的压强就会大幅减小。如此一来，这两艘船两侧的压强就会失衡。它们会感到水面产生了一股强大的压力，要将它们肩并肩地撞在一起。历史上，许多行船事故就是因为忽略了伯努利原理而发生的。因此，有经验的船长都会尽量跟其他船只保持距离，绝不贸然驶入其他船只掀起的水流中。

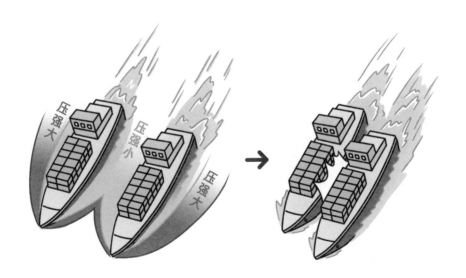

我们再说回高铁列车行驶的例子。当列车驶过时，它附近的大气压强会明显变小。此时，假如列车附近有别的杂物（比如山小魁的行李箱），它们就会在压强差的作用下，被一阵风吹到列车的车体上。

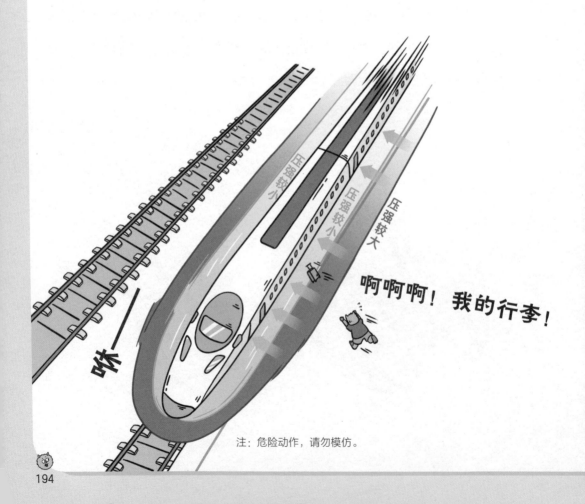

啊啊啊！我的行李！

注：危险动作，请勿模仿。

敲黑板，划重点！

当你在高铁站台，或者地铁站台上候车时，一定要记得站在安全黄线之外，千万不要越过黄线往前走。

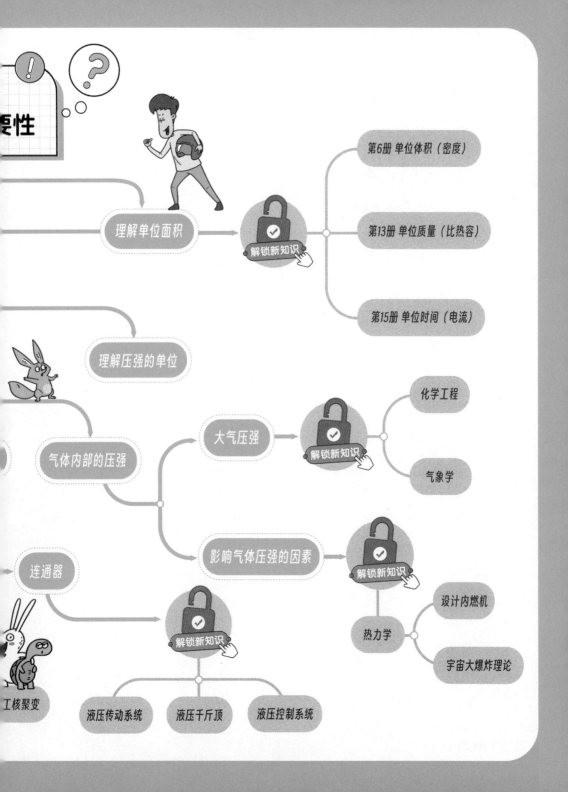

要性

理解单位面积 → 解锁新知识

第6册 单位体积（密度）

第13册 单位质量（比热容）

第15册 单位时间（电流）

理解压强的单位

气体内部的压强

大气压强 → 解锁新知识

化学工程

气象学

影响气体压强的因素 → 解锁新知识

连通器

热力学

设计内燃机

宇宙大爆炸理论

解锁新知识

工核聚变

液压传动系统

液压千斤顶

液压控制系统

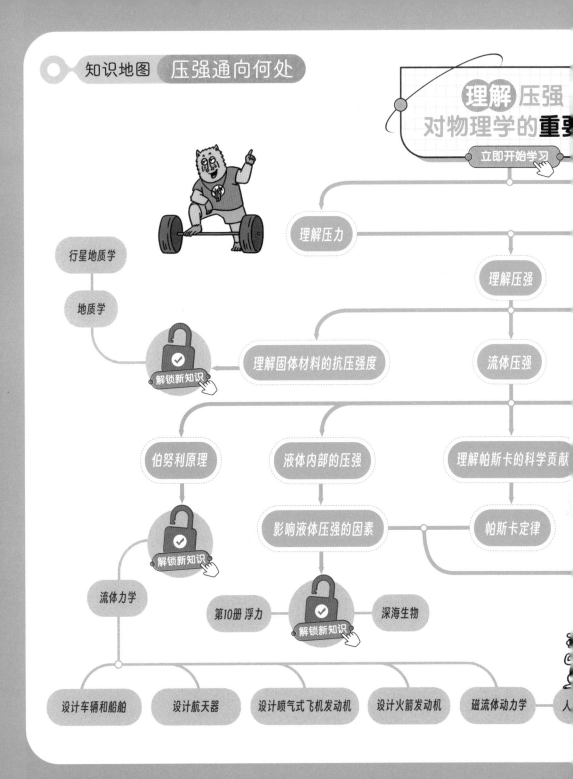

知识地图　压强通向何处

理解压强
对物理学的重要

立即开始学习

理解压力

理解压强

行星地质学

地质学

理解固体材料的抗压强度

流体压强

解锁新知识

伯努利原理

液体内部的压强

理解帕斯卡的科学贡献

解锁新知识

影响液体压强的因素

帕斯卡定律

流体力学

第10册 浮力

深海生物

解锁新知识

设计车辆和船舶　　设计航天器　　设计喷气式飞机发动机　　设计火箭发动机　　磁流体动力学